The Greatest ever Natural Historians

The Greats-the men and women who made science and who are still making it today

Natural Historians

世界をうごかした科学者たち

生物学者

フェリシア・ロー 文
本郷尚子 訳

もくじ

4	アリストテレス
5	テオフラストス
6	レオナルド・ダ・ヴィンチ
8	ヒエロニムス・ボック
9	レオンハルト・フックス
10	コンラート・ゲスナー
11	マリア・シビラ・メーリアン
12	アントニー・レーウェンフック
13	ロバート・フック
14	カール・リンネ
16	ジョルジュ＝ルイ・ルクレール・ビュフォン
18	アレクサンダー・フンボルト

本文中、＊マークのついた語句は、用語解説で説明しています。

20	ジョン・ジェイムズ・オーデュボン
22	チャールズ・ダーウィン
24	グレゴール・メンデル
26	アルフレッド・ラッセル・ウォレス
27	ヘンリー・ウォルター・ベイツ
28	ジョン・ミューア
30	南方熊楠（みなかた くまぐす）
31	ビアトリクス・ポター
32	ユージニ・クラーク
34	デイビッド・アッテンボロー
36	エドワード・オズボーン・ウィルソン
38	ジェーン・グドール
40	シンシア・モス
42	スルタン・アハメド・イスマイル
43	メアリー・ボイテック
44	用語解説（かいせつ）
46	さくいん

レオナルド・ダ・ヴィンチのデッサン「歩くクマ」（メトロポリタン美術館所蔵（びじゅつかんしょぞう））

観察して、記録し、分類する
博物学の基礎をつくった
アリストテレス

（前384〜前322）

アリストテレスはギリシャの哲学者で、科学者です。あらゆる学問に関心をもち、研究しました。自らつくった学園では、たくさんの生徒に教え、多くの本を書きました。その内容は、当時研究されていたすべての分野におよんでいたといわれます。しかし博物学（とくに動物学）については、それより前に同じような研究をした人はおらず、まったく新しい分野をきりひらくものでした。

アリストテレスはマケドニアのスタギラで生まれました。父親は王様の専属医師で、少年時代は裕福な貴族として教育をうけます。
17歳でアテネへ行き、哲学者プラトンの弟子になりました。それから20年間、プラトンの学園で学び、教える生活をおくります。
プラトンの死後は、旅行をしたり、アッソスやレスボス島でくらしたりしながら、おもにあたたかい地方の海にすむ生物を研究しました。

アリストテレスの研究は自然にあるものをよく観察して、その形や習性を書きとめることから始まりました。これが博物学＊という学問になり、生物学のもとになりました。アリストテレスの学園には図書館があり、調べたことは本にして残されました。

当時の本は、パピルス草（アシのような植物で、カヤツリグサのなかま）の繊維でつくった紙に書かれ、巻物のような形をしていた。

ウニの口とあごはちょうちんをさかさまにしたような形で、はじめて観察した人の名をとって「アリストテレスのちょうちん」とよばれる。

アリストテレスは『動物誌』で、520種類以上の動物について解説しながら、さまざまな分類＊をしています。地上の動物を、鳥とけもの、それ以外のものに分けました。海にすむ動物は魚のなかまです。しかし、クジラやイルカは空気がなければ死んでしまうし、卵ではなく子どもを産み、その子どもを母親の乳で育てます。このような特徴から、クジラやイルカは魚ではなく、けもののなかまであると結論づけました。

アリストテレスの研究方法を
植物学のなかでうけつぎ、発展させた
テオフラストス

（前372ごろ〜前287ごろ）

テオフラストスはギリシャの哲学者で、博物学者です。アリストテレス（p.4）のもとで学び、友人となり、のちに学園をひきつぎました。幅広い知識をもち、するどい観察のできるテオフラストスは、アリストテレスの分類*にならって植物を研究し、さらにくわしい特徴を調べて植物の分類をおこないました。

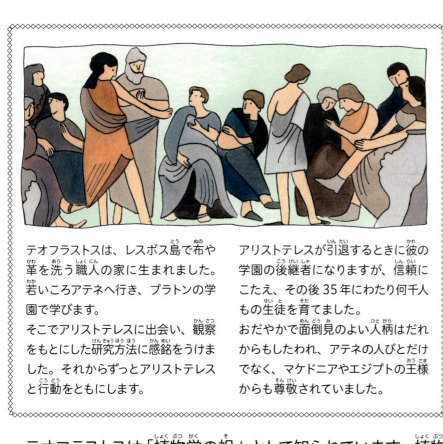

テオフラストスは、レスボス島で布や革を洗う職人の家に生まれました。若いころアテネへ行き、プラトンの学園で学びます。
そこでアリストテレスに出会い、観察をもとにした研究方法に感銘をうけました。それからずっとアリストテレスと行動をともにします。
アリストテレスが引退するときに彼の学園の後継者になりますが、信頼にこたえ、その後35年にわたり何千人もの生徒を育てました。
おだやかで面倒見のよい人柄はだれからもしたわれ、アテネの人びとだけでなく、マケドニアやエジプトの王様からも尊敬されていました。

テオフラストスは「植物学の祖」として知られています。植物の研究はそれまでにもありましたが、「食べられるか」「薬になるか」といった「人間の役に立つかどうか」が中心でした。

しかし彼は植物をまず高い木、中くらいの木、低い木、草の4つに分けます。そのうえで葉や実の形、芽の出方やふえていく様子などから植物自体の特徴をつかもうとしました。テオフラストスがあつかった植物は300種類以上にのぼり、その後の植物学に大きな影響をあたえました。

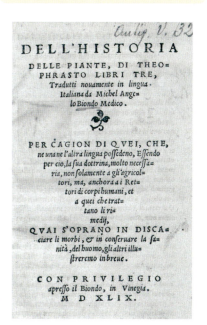

テオフラストスの本は教科書として長く読みつがれた。右は1549年のイタリア語版『植物誌』の表紙。

科学と芸術をむすびつけた
万能の天才

レオナルド・ダ・ヴィンチ

（1452～1519）

レオナルド・ダ・ヴィンチはイタリアの芸術家であると同時に、さまざまな分野に才能を見せた科学者であり、発明家です。作品の数はそれほど多くはありませんが、残されたスケッチとノートを見ると、多くの分野に興味をもっていたことがわかります。人間を描くために骨格を調べたり、いろいろな動物を解剖して骨を比べたり、飛んでいる鳥を研究して空を飛ぶ機械を考えたりするレオナルドの発想のもとには、自然から学び、自然の法則を明らかにしようとする姿勢がありました。

レオナルドはフィレンツェ郊外のアンキアーノで生まれました。幼いころは叔父と祖父母とともに父親の家でくらしていました。
少年時代をすごした家は今も残っていますが、絵が得意だったこと以外、よくわかっていません。

14歳で、有名な芸術家アンドレア・デル・ベロッキオの弟子となります。ここでは、デッサン、絵画、彫刻、金属工芸などを学びました。
およそ10年間を工房ですごし、師と共同でつくった「キリストの洗礼」をはじめとする作品を残しました。

レオナルドはすぐれた視力と観察眼をもち、見たものを正確に描くことができました。彼はこの才能によって一流の芸術家になっただけでなく、一流の科学者として後世で再評価されることになりました。

ウマのさまざまな姿を観察して、「スフォルツァ騎馬像」などの彫刻の原案を練った。

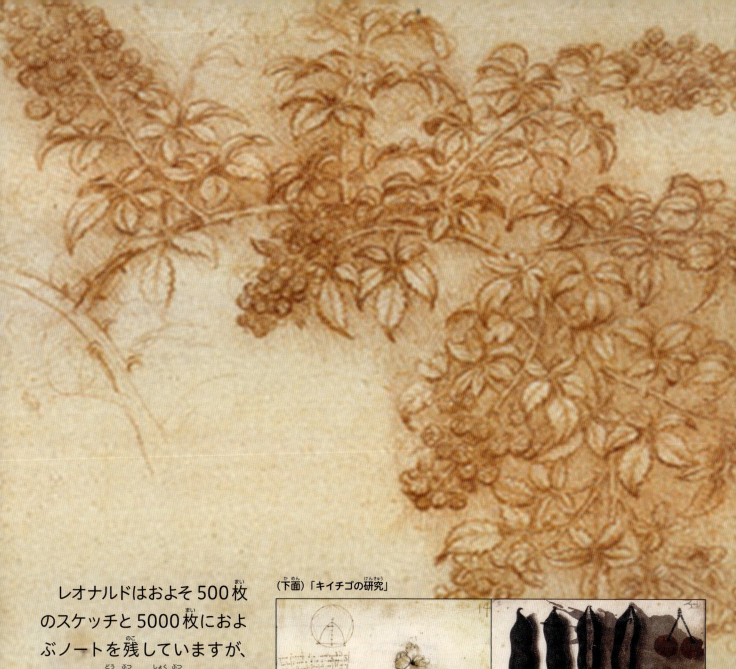

（下面）「キイチゴの研究」

レオナルドはおよそ500枚のスケッチと5000枚におよぶノートを残していますが、そこには動物と植物がたくさん描かれていました。彼は自然に対し大きな敬意をもっていたようです。ここにあげた植物の絵も、ただ美しいだけでなく、植物の見た目や成長の様子、同じ種類の植物でも花や実の形やつき方がちがうことなどをしっかり観察し、芸術性の高い絵にしています。

「幾何学図形と植物のスケッチ」（左）と「果物、野菜その他の研究」（右）。左利きのレオナルドは右から左へと文字を書き、左右さかさまの鏡文字（鏡にうつすと普通に読める文字）になっている。

自ら歩いて植物を集め
わかりやすい文で解説した本をつくった

ヒエロニムス・ボック

（1498〜1554）

ヒエロニムス・ボックはドイツの植物学者、医師、牧師です。ただし、その人生について、くわしいことはあまりわかっていません。ハイデルベルク大学で学び、教師をしていました。30代なかばで、ホルンバッハにある教会の牧師となりました。そして教会で植物の研究を始めます。1539年に植物の解説書『本草書』を書きました。ほぼ同じ時期に植物学の本を出したオットー・ブルンフェルス、レオンハルト・フックス(p.9)とともに「ドイツ植物学の父」とよばれています。

ボックは、大学を出て教師になったあとも、貴族の専属医師になったり、大臣の庭園の管理人になったりと、いろいろな仕事をしたようです。

最終的に牧師となり、教会の敷地内に家を建て、植物の研究を始めました。そして、ドイツの植物について解説する本を書きました。

ボックはライン川流域を中心にドイツ国内を広く旅行して、植物を集めました。それらをひとつひとつ、自分の目でよく観察して、植物の説明を書きました。さらに薬としての効能と、利用するための情報もつけくわえました。本のなかで解説された植物は700種以上になります。

ボックの本は、はじめは絵がまったくなかったが、第2版で477点の木版画が入った。絵の多くはブルンフェルスとフックスの本から借りている。残りの約100点はドイツの画家デビッド・カンデルがこの本のために描きおろしたものだった。

絵を大きくあつかった植物の本をつくり
その後の植物図鑑の手本となった

レオンハルト・フックス

フックスはバイエルンの資産家の家に生まれました。16歳でエアフルト大学を卒業し、インゴルシュタット大学で文学と医学を学び、医師の資格をとります。

大学の講師や貴族の医者をつとめたあと、ルーテル大学の医学部教授となります。大学のなかに薬草園をつくり、そこで植物を研究して、本をつくりました。

（1501〜1566）

レオンハルト・フックスはドイツの医師で、植物学者です。大学で医学を教えましたが、薬として使われる植物に興味をもっていました。一生の間に50冊を超える本を書き、そのほとんどが医学書です。『新植物誌』も、植物について医学的な説明をしたものでしたが、植物採集した人が植物の名前を調べたり、薬草をとる人がガイドブックとして使うことを考えてつくられていました。正確な絵と使いやすさにこだわったフックスの本は、その後の植物図鑑のひな形となりました。

　ブルンフェルス、ボック(p.8)、フックスの3人は、同じような時期に植物学の本を出版しましたが、本のつくり方はそれぞれちがっていました。ブルンフェルスは美しい絵を入れ、説明は昔の文献の文をそのまま使いました。ボックは文による説明に力を入れています。
　フックスは、絵が正確で、図鑑として使いやすくすることに心をくだきました。3人の画家に細かく指示を出して描いてもらい、また、絵を大きくのせるため、1枚の絵に1ページを使っています。

フックスは1枚の絵のなかに色や形のちがう実や花を紹介し、植物採集した人が調べやすいように工夫をこらした。

古今東西の文献を集め
有名な動物百科事典を書いた
コンラート・ゲスナー

（1516〜1565）

コンラート・ゲスナーはスイスの医師、書誌学者、博物学者です。ヨーロッパ各地の大学で学んだのち、ギリシャ語、哲学、博物学*の教授になりました。多くの本を書いていますが、『世界文献総覧』はそれまで知られていた文献がすべてのっている大作です。
その後、チューリッヒ市の専属医師などの公職につきながら、『動物誌』を書き始めました。医師として当時流行していたペストの治療に奔走していましたが、自らもペストにかかり、1565年、49歳の若さで亡くなりました。

ゲスナーはチューリッヒの貧しい毛皮職人の家に生まれました。教会の学校で学んでいるときに才能をみとめられ、奨学金をもらって大学へ進むことができました。
語学が得意だったため、留学中は各地の図書館で文献を集めました。

彼は登山家としても有名です。時間をつくってはアルプスなどへ登り、山の花を収集して記録しました。
死後に出版された『植物誌』には、本人の描いた1500点近くの絵とともに、それまで知られていなかった植物もたくさん紹介されていました。

『動物誌』はあらゆる動物について、それまでに書かれたすべての文献を集めて、まとめようとする試みです。
本の名前と動物の分類*はアリストテレス（p.4）にならってつくられました。4巻に分かれ（第5巻は没後出版）、それぞれの動物がアルファベット順にくわしく説明されています。
記述は動物学だけでなく歴史や文化などの分野にもおよび、4500ページにもなる百科事典となりました。

『動物誌』ドイツ語版の1ページ。

野生の動植物を観察し、美しく詳細な記録画を描いた
マリア・シビラ・メーリアン

マリアの父親はフランクフルトで出版社を経営していましたが、彼女が3歳のときに死んでしまいます。母親の再婚相手は画家で、彼女の才能をみとめ、絵を教えました。昆虫が成長するにつれて形を変える「変態」に興味をもち、研究しました。

1枚の絵に同じ種類のチョウの卵、幼虫、サナギ、成虫（はねの表と裏）と、幼虫が食べる植物が描かれている（『スリナム産昆虫変態図譜』より）。

（1647〜1717）

マリア・シビラ・メーリアンはドイツ生まれの画家で、昆虫学者です。動物（とくにチョウなどの昆虫とその変態*の様子）に興味をもち、美しい記録画を残しました。父親はスイス人、母親はオランダ人で、彼女自身はおもにオランダで活躍しています。1698年に南アメリカのスリナムに行き、昆虫や植物を研究しました。帰国後、その研究成果をまとめた『スリナム産昆虫変態図譜』を出版し、有名になります。晩年もスリナムでくらし、熱帯の生物研究の先駆けとなりました。

マリアの絵「メガネカイマンとサンゴパイプヘビ」。

特別なレンズを発明し
世界ではじめて微生物を見た

アントニー・レーウェンフック

（1632〜1723）

アントニー・レーウェンフックはオランダの生物学者です。家業のかたわら、拡大率の高いレンズを発明し、高性能の顕微鏡*を製作して、さまざまなものを観察しました。学問の世界に縁のなかった彼はロンドン王立協会のフック（p.13）を紹介してもらい、見たものをスケッチにして送り続けました。フックがその研究を高く評価して宣伝したことでレーウェンフックは有名になり、ロシアのピョートル大帝をはじめ国内外の多くの有名人が顕微鏡をのぞきに彼のもとを訪れました。

レーウェンフックはデルフトでかごをつくる職人の家に生まれました。若いころは、アムステルダムの織物商で働いていましたが、結婚を機に自分の店をもちます。
商品である布の品質を確かめるために虫眼鏡を使っていたので、レンズのあつかいには慣れていたようです。

当時はレンズを2つ使った顕微鏡が主流で、拡大率はそれほど高くありませんでした。レーウェンフックは、より小さな世界を研究できるレンズの製作に没頭するようになります。
彼は50年にわたって自作の顕微鏡で微生物などを観察し、スケッチを残しました。

レーウェンフックの顕微鏡はレンズが1つで、300倍近くまで物体を拡大できた。

レーウェンフックは、原生動物*やバクテリア*、ワムシなどの微生物*、魚の赤血球*、人間の精子など、多くのものを観察しました。肉眼では見えない生物が存在するというのは、生物学的にも重要な発見になりました。

彼はバクテリアのような単細胞生物*を見た最初の人間になった。それまでだれもその存在すら知らなかったのである。写真は大腸菌。

顕微鏡を使って生物の構造を観察し、記録した
ロバート・フック

フックはワイト島の牧師の家に生まれ、聖職者になることを期待されていましたが、本人は機械をつくったり絵を描いたりすることに興味がありました。
父親の遺産でロンドンの学校に入学したのち、オックスフォード大学の奨学生になります。そこで有名な化学者ロバート・ボイルの助手になることができました。

イギリスで最も古く、最も権威のある学会であるロンドン王立協会が設立された際には設立に協力し、実験主任に任命されました。その後数年間、書記として協会の発展に尽力します。
フックは実験技術もすぐれていましたが、実験器具の作成も得意でした。顕微鏡を自作して、さまざまな生物を観察しました。

（1635〜1703）

ロバート・フックはイギリスの科学者で、生物、化学、物理など幅広い分野で活躍しました。苦学しながら学問の世界で成功を収めた人物です。1666年におきたロンドン大火の折には都市計画に関わり、建築家としても市の復興につくしました。

フックは、顕微鏡*で観察したものをスケッチにして、『顕微鏡図譜（ミクログラフィア）』という本にして出版しました。絵は極微の世界を驚くほど詳細に再現しています。植物や昆虫、結晶などの絵は大きな折込の紙に印刷されました。

フックはコルクの断面を顕微鏡で見て、小さな長方形の部屋のような模様になっていることに気づいた。彼はこの構造を「小部屋」を意味する「細胞（セル）」と名づけた。

生物の名前（学名）を整理し、分類学の基礎をつくった
カール・リンネ

（1707〜1778）

カール・リンネはスウェーデンの博物学者です。大がかりな植物採集を何度もおこない、多くの植物を研究して、分類＊を試みました。生殖器官の形をもとに分類する方法は賛否がありましたが、綱、目、属、種と階層的に分類していくシステムは説得力をもち、うけいれられていきました。のちに植物だけでなく多くの生物を分類し、「分類学の父」とよばれるようになりました。また、生物の種を2つの単語で表す二名法を確立しました。この命名法は現在も使われています。

リンネはスウェーデン南部、ロースフルトの牧師の家に生まれました。牧師館には大きな庭があり、植物をたくさん育てていました。
父親に植物の名前を教えてもらったリンネは、子どものころから花にくわしく、「小さな植物学者」とよばれていました。

医者になるためルンド大学に入学しますが、翌年、ウプサラ大学に移ります。ウプサラ大学には立派な植物園がありました。
ルドベックとセルシウスという指導者に恵まれ、リンネは植物学を熱心に勉強します。のちに植物園の園長になりました。

ウプサラ大学から助成金をもらって、ラップランド地方の植物調査をおこないます。そこで数多くの植物を観察し、研究することができました。
ほかにも各地で植物調査をおこない、オランダで『自然の体系』を出版します。これはおしべとめしべをもとに植物を分類する画期的なものでしたが、一部の学者には不評でした。

その後もいくつかの論文を出版して、スウェーデンに戻ったときには有名な研究者になっていました。結婚して、医者になりますが、しばらくしてウプサラ大学の医学部教授、翌年には植物学部教授になります。そして植物の研究と生物の分類に専念しました。
その情熱は「神が創造し、リンネが配列する」といわれたほどでした。

リンネは「二名法」という表記を確立しました。これは学名（生物の名前）を２つの単語で表現する方法です。単語はラテン語やギリシャ語を使います。最初の単語は属（似たような種をふくむ生物のグループ）の名前（属名）です。２番目の単語は種小名といって、種の特徴を表します。

　属名とセットにすることで、学名はとても簡単で使いやすいものになりました。属のなかに同じ種小名がなければいいのですから、使える単語がとても広がります。たとえばメジロの学名は「*Zosterops japonica*」で、「日本のメジロ属の鳥」という意味です。同じ*japonica*という種小名をもつ「*Anguilla japonica*」は「日本のうなぎ」という意味で、ニホンウナギを示します。

『自然の体系』は改訂を続け、第10版では動物界・植物界・鉱物界を綱・目・属・種に分類している。これが今日も使われている分類の基礎になった。

ある特徴に注目して、その特徴をもつグループともたないグループに分ける。特徴をもつグループを、さらに別の特徴で２つのグループに分ける。これをくりかえしていくと、最後には１つの生物だけになる。そのいちばん小さなグループが種になる。下の図は、ライオンが属するグループ（門、綱、目、科、属、種）を示している。

「脊索動物門」
背骨のある動物

「哺乳綱」
子どもを乳で育てる動物

「ネコ目」
肉を食べる哺乳類*

「ネコ科」
爪を出し入れできるネコ目

「ヒョウ属」
大型のネコ科

種：ライオン
（学名 Panthera leo）

ラップランドの衣装を着たリンネが手にしているのはリンネソウである。リンネはラップランド調査で見つけたこの植物をたいそう気に入り、学名に自分の名前を入れ、紋章として使った。

自然に関する百科事典をつくり
自然科学への興味をひきおこした

ジョルジュ゠ルイ・ルクレール・ビュフォン

（1707〜1788）

ビュフォンはフランスの博物学者で思想家です。ディジョンで教育をうけたのち、科学に興味をもち、数学・物理学・植物学を学びました。1739年にフランス科学者の最高位の職のひとつである王立植物園の園長になります。その後は『博物誌』をつくることに専念しました。本で語られた内容は非常に広範囲にわたり、議論をまきおこしながら、一般の人びとの自然科学に対するあらたな興味をひきおこしました。

ビュフォンはフランス東部、ブルゴーニュ地方のモンバールという小さな村で生まれました。
父親は地方公務員でしたが、母親の持参金で貴族の地位を買います。

7歳のときに叔父の財産を相続し、一家はお金持ちになります。この財産でビュフォンという名前の土地を買い、領主になりました。ビュフォンの名前はこの地名からきています。

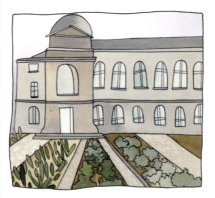

当時はイギリスで自然科学の研究が盛んだったことから、イギリスへ留学して勉強します。
帰国後はパリの王立植物園の園長になりました。ビュフォンは自分の財産を使い植物園を立派にしていきます。

その後は、1年のうち4か月を王立植物園ですごし、残りはモンバールの自分の領地で『博物誌』をつくることにあてました。
この本は評判をよび、ヨーロッパ中で読まれました。

ビュフォンのつくった百科事典は36巻におよんだ。そのなかには、種や環境、地域ごとの多様性や進化に関する初期の概念といった、新しい知見がたくさんふくまれていた。

　ビュフォンは今日でも価値があると思われる考えをたくさんもっていました。
　彼は地域によって動物の種類がちがっていることに気づいた最初の研究者の1人です。地理と自然がたがいに作用して発展するという思想は、当時は新しいものでした。また、生物がもともとすんでいた土地を離れて移動する現象には気候変動が関わっていると信じていました。
　ほかにも、「地球の年齢は聖書に書かれているより長い」「類人猿*は人間の未発達の状態あるいは退化したもの」などの主張が、物議をかもしました。

　ビュフォンは本のなかで、アメリカの動物はヨーロッパの動物に比べると弱く、体も小さいと主張しました。さらにアメリカは空気も悪く、土地がやせ、植物も育たないと書いています。当時アメリカの副大統領だったトマス・ジェファソンはこの記述に憤慨して、巨大なヘラジカの枝角や骨をビュフォンへ送りつけました。

ヨーロッパにもアメリカにもいるヘラジカはシカのなかまでは最も大きい。オスは大きな角が特徴で、体重が800kgを超えることもある。

世界を探検し、植物の地誌に関して多くの発見をした
アレクサンダー・フンボルト

（1769〜1859）

アレクサンダー・フンボルトはドイツの博物学者、地理学者、探検家です。ゲッティンゲン大学とフライベルク鉱山専門学校で学び、上級鉱山技師になりました。1799年にエメ・ボンプランとともに南アメリカを探検し、5年間にわたる学術調査をおこないました。この調査でフンボルトは植物地理学という新しい学問分野を開拓します。彼は、自然界に見られるさまざまな現象はたがいに関わりがあると考えていました。晩年の著書『コスモス』ではそのことについて論じています。

フンボルトは、ベルリンの貴族の家に次男として生まれました。9歳のときに父親が亡くなり、厳格な母親に育てられます。
息子たちの将来に期待をよせていた母親は、優秀な家庭教師をたくさんつけて勉強させました。

フンボルトは植物や貝、虫などを集めて整理するのが好きでした。また、時間があればクック船長などの冒険物語を読みふけっていました。
27歳のときに母親が亡くなって遺産を相続すると、すぐに仕事をやめ、航海の準備を始めました。

（下面）フンボルトが描いた植物画のひとつ。

1799年6月、最新の測定機器をたくさん買いこんだフンボルトは、ボンプランとともにスペインのアコルーニャから船出します。スペイン国王の正式な許可を得た探検調査旅行でした。カナリア諸島で流星雨を観察したのち、南アメリカをめざしました。

フンボルトは、大西洋に接する陸地が大昔はつながっていたのではないかと指摘した最初の研究者の1人でした。この考えはその後、1912年にドイツの地球物理学者アルフレート・ウェーゲナーによって「大陸移動説」として提唱されました。

フンボルトは多くの場所を探検したが、とくにアンデス山脈の調査には力を入れた。

アンデス山脈のチンボラソ火山（エクアドル）。2人は頂上近くまで登って調査をおこなった。

同じくアンデス山脈のチャチャニ火山（左）とミスティ火山（右）（ペルー）。

フンボルトは、長い航海の間に島をめぐり、森林や山脈を走破し、それぞれの場所で植物や動物を観察します。そして生物多様性*の様子や原因に注意をはらいました。植物や動物の標本を収集し、しだいにふえていく収集物を整理・分類しました。

帰国後は、調査結果をいくつもの本にして出版しました。彼の冒険は、ダーウィン（p.22）をはじめ、のちの科学者たちの刺激となり、さらに多くの冒険を生み出していったのです。

アメリカ全土をくまなく歩き
比類ない画集をつくった

ジョン・ジェイムズ・オーデュボン

（1785〜1851）

ジョン・ジェイムズ・オーデュボンはフランス系アメリカ人の鳥類学者で、才能ある画家です。アメリカ中を歩き、そこで見た鳥を記録して絵を描きました。1827年に出版した『アメリカの鳥類』はベストセラーとなり、オーデュボンの名声を高めます。けれども晩年はアメリカで急速に進む森林破壊に心を痛めていました。彼の死後設立された「全米オーデュボン協会」は環境保護*団体として現在も活動を続けています。

オーデュボンはハイチのレ・カイエで生まれました。母親の死後、父親にひきとられてフランスで育ちます。少年時代、有名な画家のダビッドに絵の手ほどきをうけます。森のなかを歩き、鳥の巣や卵を持ち帰っては絵にする毎日でした。

船乗りをめざして軍隊学校に通い、客船の乗務員になりますが、船酔いがひどかったために仕事をやめてしまいます。
こまった父親は、フィラデルフィア近郊の土地を管理させるために彼をアメリカにおくりました。

アメリカで結婚したオーデュボンは、ペンシルベニアの農場で生活を始めます。そこでは思いのままに自然を楽しみ、鳥の生態を研究することができました。
まもなくアメリカのすべての鳥を調査することを目標に旅に出て、自分の目で見た鳥の姿を描き始めました。

（下面）オーデュボンが描いた絵。彼は30代なかばまで、アメリカ中を歩いて、鳥の絵を描くことに専念しました。

左：アメリカトキコウ
中：アメリカヘビウ
右：カロライナインコ（野生種は1904年に目撃されたのを最後に絶滅した）

　オーデュボンの絵の特徴は、自然な環境にいる鳥たちが生き生きと描かれていることにあります。
　12年かけてつくった『アメリカの鳥類』には1000羽をこえる鳥たちが実物と同じ大きさで描かれました。なかには残念ながらその後絶滅*してしまった5種の鳥もふくまれています。絵の横にはそれぞれの鳥についての説明もそえられていました。
　この本はすべての博物図鑑のなかで、芸術作品としても、研究資料としても最高傑作と評価されています。

オーデュボンは、鳥だけでなく哺乳類*の画集もつくり始めていたが、未完成に終わった。左は北アメリカの太平洋岸で見られるダグラスリス。

北アメリカで唯一見られるフラミンゴのなかま、ベニイロフラミンゴ。水辺にすむ。

全米オーデュボン協会は毎年12月に「クリスマス・バード・カウント」というイベントをおこないます。これは数万人の会員が野鳥を数えるイベントで、1900年から続いています。ハンターたちが撃ち殺した動物の数を競うクリスマス・サイド・ハントの代わりとして提案されました（写真はミヤマシトド）。

生物の進化と
その原因を考えた
チャールズ・ダーウィン

（1809〜1882）

チャールズ・ダーウィンはイギリスの博物学者、地質学者、生物学者です。海岸線の地図作成のために南半球をめぐる航海に出たビーグル号に同乗して旅をしたことから、彼の研究は始まりました。5年におよぶ航海中に生物や地質を観察したダーウィンは進化について考察します。帰国して『ビーグル号航海記』を出版した後、ウォレス（p.26）と共同で自然選択説を発表、翌1859年に『種の起源』を出版します。これにより進化論を確立し、歴史に名を残しました。

ダーウィンは裕福な医師の家に、5番目の子どもとして生まれました。祖父のエラズマス・ダーウィンは有名な医師で博物学者でした。
8歳で母親を亡くし、姉に育てられます。子どものころは動物や植物の採集にうちこんでいました。

エディンバラ大学の医学部で勉強を始めますが、医者には向いていないことがわかり中退します。
ケンブリッジ大学の神学部に入り直しますが、昆虫採集に熱中します。その後、植物学者ジョン・ヘンズロー教授の指導をうけました。

ケンブリッジ大学の卒業の時期がせまってきても、聖職者にはなれそうもありませんでした。
幸運にもちょうどそのとき、地図作成のため長期の航海へ出ようとしている船があり、その船長が博物学者を探していました。

船長は航海中に話し相手となってくれる博物学者を探していたので、洗練された会話を楽しめる上流階級の人間であることも希望のひとつでした。ダーウィンは指導教授のヘンズローに推薦されます。数か月後にビーグル号はプリマス港から出航しました。

1831年12月27日、ビーグル号は約5年におよぶ航海へ出航します。ビーグル号が沿岸で測量や調査をしている間、ダーウィンは多くの時間を陸上ですごし、地質を研究したり、動物や植物、鉱物などを収集したりしていました。

航海の間、ダーウィンは詳細な日記を書き続けました。上陸する機会があるときは必ず丘や森へ行き、観察したものをすべてノートに注意深く記録します。また、ケンブリッジ大学のヘンズロー教授に届けるために標本を収集しました。

こうして彼の地質学や博物学*への関心は具体的な形になっていきました。南アメリカの沿岸をめぐり、太平洋やインド洋を横断して訪れた地域は、ダーウィンを生物に関する新しい発見へと導きました。何千年にもわたって生物たちがいかに進化*し、生き残ってきたかを示していたのです。そこでの観察をもとに考えられたのが進化論です。

南アメリカ大陸の南端に位置するティエラ・デル・フエゴで調査中のビーグル号。現地の島民に歓迎されている様子が描かれている。

ガラパゴスゾウガメは島によって甲羅の形がちがっている。ダーウィンは、この現象を島という独立した環境で進化した結果ではないかと考えた。

ダーウィンの研究はブダイのようなサンゴを食べる生物がいかにしてサンゴ礁の成長を制御しているかを明らかにした。

今日、ダーウィンは『種の起源』という本でよく知られています。そのなかで書かれている自然選択説*は、植物も動物も、すべての種は変化するとしています。生物は気候、習慣、食物の変動や、敵の変化に対応して変わっていきます。生物はその時代の環境に最もよく適応した遺伝子を次世代へ継承させ、少しでも数をふやせるように仕向け、生存の機会をよりふやしてきたのです。この発見は、それまで「神がこの世をつくった」と考えていた人びとに驚きをもってむかえられました。

実験の結果を数学を使って解析し遺伝に規則があることを発見した
グレゴール・メンデル

（1822〜1884）

グレゴール・メンデルはオーストリアの生物学者です。修道院に入り司祭になりましたが、植物に非常に興味をもっていました。農家から相談をうけたのをきっかけに、修道院の庭でエンドウの遺伝*的性質の研究を始めます。メンデルはエンドウの交配の実験をくりかえし、遺伝にいくつかの規則性があることを発見しました。メンデルの論文は長いこと埋もれていましたが、発表から34年後に3人の学者によって発見され、偉大な業績として正当な評価をうけることになりました。

メンデルは、オーストリア帝国（現在はチェコ共和国）のヒンチーチェに生まれました。家は自作農家で、幼いころから植物に親しんでいたようです。大学に進学するお金がなかったため、高校卒業後は司祭をめざしてアウグスティノ修道院に入ります。

修道院では神学を学びながら、近くの学校で数学やラテン語を教えていました。
司祭になったときにグレゴールという修道名をあたえられます。その後、ウィーン大学で勉強する機会があり、科学（おもに物理学）を学びます。

当時の修道院は、地域との交流を大切にしていました。地元の農家から作物の品種改良について相談されたメンデルは、植物の遺伝について研究することにします。
修道院の庭で大量のエンドウを育て、実験を始めました。

6年かけて注意深く実験をおこない、結果を考察して3年後に論文にまとめましたが、学会から注目されることはありませんでした。
その後、修道院の院長になったメンデルは、実験を再開することなく、修道院の運営に力を注ぎました。

メンデルは、植物が親の性質をどのようにうけつぐのか、ということに興味をもっていました。作物の品種改良から経験としてわかっていることはありましたが、そうなる理由を調べた人はいなかったのです。彼はまず、実験の対象として、おしべとめしべが花の外に出ていないため自家受精*（同じ株の中でおこなわれる受精）でふえていくエンドウを選びました。そして、その特徴から異なる2つの性質（さやの色であれば、緑色のものと黄色いもの）を選び、自家受精をくりかえして性質の安定した株をつくります。

実験では、異なる性質のエンドウを交配させて第2世代のエンドウをつくりました。そして、第2世代のエンドウを自家受精させて、第3世代のエンドウにどのような性質があらわれるかを調べたのです。

経験的にわかっていたことと実験の準備

黄色いさやのエンドウを自家受精させると、黄色いさやのエンドウだけができます。

緑色のさやのものを自家受精させると、緑色のさやのものと黄色いさやのものができます。

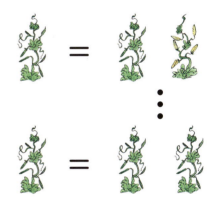

第2世代のエンドウのなかから緑色のものを自家受精させると、また緑色のさやのエンドウと黄色いさやのエンドウができます。この手順を、緑色のさやのエンドウしかできなくなるまで、何世代もくりかえします。

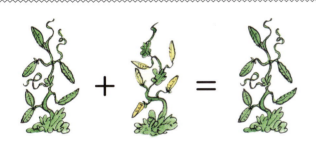

性質の安定した緑色のさやのエンドウと黄色いさやのエンドウを交配すると、第2世代のエンドウはすべて緑色のさやのエンドウになります。

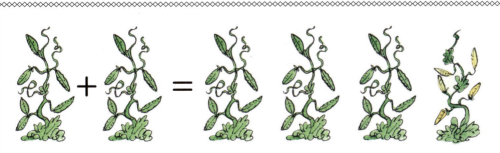

第2世代の緑色のさやをもつエンドウを自家受精させると、3対1の割合で緑色のさやをもつエンドウと黄色いさやをもつエンドウができました。

メンデルは実験の結果を数学を使って解析し、それぞれのエンドウの性質は対になった2つの因子*で生じていると判断しました。現在ではこの因子のことを「遺伝子」とよんでいます。

熱帯雨林を歩き、のちの生物学に影響をあたえる発見をした

アルフレッド・ラッセル・ウォレス

（1823〜1913）

アルフレッド・ラッセル・ウォレスはイギリスの博物学者です。熱帯地方を広く旅行して、生物を採集しました。マレー諸島を探検していたときに、東と西ですんでいる動物に大きなちがいがあるのに気づきます。そして、アジアの動物とオーストラリアの動物を分ける分布*上の境界線（のちのウォレス線）があるのではないかと考えました。この功績からウォレスは、生物の分布を研究する「生物地理学の父」とよばれています。

　ウォレスは自然界のすべてに興味をもっていました。昆虫学者のベイツ (p.27) と友達になり、一緒にアマゾン探検に出かけますが、標本を持ち帰ることはできませんでした。

　2年後、ウォレスは東南アジアにいました。マレー諸島だけで約12万6000の標本を採集し、新種もたくさん見つけます。現地で数多くの個体を見ることができたウォレスは独自に自然選択説*を考えつき、ダーウィン (p.22) と共同で論文を発表することになりました。

ウォレスがボルネオで見つけたアマガエルは、長い指の間に水かきのような膜をもち、木から木へ滑空することから、ウォレストビガエルと名づけられた。

アマゾン川流域には世界最大の熱帯雨林が広がり、まだ知られていない動物や植物の宝庫である。

動物が生き残るために擬態を使っていることを発見した
ヘンリー・ウォルター・ベイツ

ベイツは、中学校で図画の先生をしていたウォレスと友達になりました。2人は生物の話で意気投合し、昆虫採集のために一緒に南アメリカへ探検に行くことにしました。

ベイツとウォレスは、ロンドンでおちあって旅行の相談を始めます。お金のない2人が考えたのは、探検で得た標本を売りさばいて、旅行の費用をまかなおうという計画でした。

(1825〜1892)

ヘンリー・ウォルター・ベイツはイギリスの博物学者で、旅行家です。ウォレス(p.26)とともにブラジルに行き、10年以上にわたってアマゾンの奥地を探検しました。ウォレスは船の火事で標本をなくしてしまいますが、ベイツは8000種におよぶ未知の昆虫を持ち帰ることができました。その後、動物の擬態を解明する論文を出版します。これはダーウィンの自然選択説*の後押しをするものとなりました。

ベイツ自身の描いた擬態の例。毒をもつトンボマダラのなかま（上から2列目と4列目）と、そっくりな模様だが毒のないコバネシロチョウのなかま（上から1列目と3列目）。

ベイツは擬態*に気づいた最初の博物学者です。毒のある動物には目立つ色や模様をもつものがいます。しかし、毒のない動物のなかにも、毒のある動物とそっくりなものがいます。毒のない動物は、毒のある動物をまね（擬態）することで、敵の攻撃から身を守っているのです。

アメリカ国立公園の設立に貢献した
環境保護運動の父
ジョン・ミューア

（1838〜1914）

ジョン・ミューアはスコットランド系アメリカ人のナチュラリストで、自然保護論者です。友人のロバート・ジョンソンとともにカリフォルニアで国立公園の設立をよびかけました。ヨセミテ国立公園の設置は議会で決定されましたが、市民からは根強い反対の声がありました。ミューアは、講演や執筆で環境や野生生物の保護をうったえ、政府と粘り強く交渉し、自然教室を開催します。10年以上におよぶその活動は、現代的な環境保護*運動の最初の成功例となりました。

ミューアはスコットランドの小さな港町ダンバーに生まれました。
幼いころは、祖父に連れられて町を散歩するのが日課でした。学校に行くようになると、弟と一緒に海や山まで足を伸ばし、自然を愛するようになりました。

11歳のときに家族でアメリカのウィスコンシン州へ移住し、農場を始めました。発明の才能があったミューアは独創的な発明品を農業フェアに出品し、好評を得ます。
その後、ウィスコンシン大学で地質学や植物学を学びました。

29歳になったミューアは、働いていた工場で事故にあい、失明しそうになりました。
奇跡的に助かった彼は、工場をやめ、植物研究に専念します。ケンタッキーからメキシコまで1600kmを歩いて旅行し、植物を採集しました。

ヨセミテでくらし、渓谷を歩きまわるうちに、氷河が谷を形成したのだろうと考えるようになります。
地質学で名高いジョシュア・ホイットニー博士との大論争に発展しますが、最終的にはミューアが氷河を発見したことにより決着しました。

ミューアはカリフォルニアの自然を愛していました。家畜のヒツジやウシが森林や草原を荒らしていることに危機感をもっていました。

独力で生物の研究をおこない世界にみとめられた
南方熊楠 みなかた くまぐす

（1867～1941）

南方熊楠は日本の博物学者で、民俗学者です。アメリカやイギリスに留学し、独自の研究をしました。なみはずれた好奇心にくわえ、記憶力と語学力もすぐれていたため、さまざまな分野にまたがる研究をおこない、海外でも多くの論文を発表しています。帰国後は生まれ故郷の和歌山に戻り、研究や執筆を続けました。とくに粘菌やキノコなどの研究が有名です。熊楠が自宅の庭の柿の木の下で発見しためずらしい粘菌は彼の名をとってミナカタホコリと命名されました。

熊楠は和歌山県の金物商の家に生まれました。幼いころから自然が好きで、百科事典や植物図鑑を書き写して遊んでいました。
学校の勉強はあまり得意ではなく、弁当箱にカエルやカニを入れ、何時間も観察していたようです。

アメリカ留学中も、図書館に行って本を読み、植物（とくに花の咲かない植物）を採集していました。
その後、イギリスへ渡り、標本の整理をしながら論文を書きます。論文が発表されると、研究者として世界に知られるようになりました。

粘菌は胞子*でふえる植物（菌類）のような性質と、大きなかたまりとなって移動しながら微生物*を食べる動物のような性質をもつふしぎな生物です。森のくさった木や落ち葉のなかにすんでいます。

熊楠は、粘菌の多くすむ森を守るために、日本ではじめての環境保護*運動をおこないました。

ケホコリ（上）とススホコリ（下）。「…ホコリ」という名前は胞子の出る様子からつけられた。

動物を主人公にした絵本で
子どもたちに自然のすばらしさを教えた

ビアトリクス・ポター

ビアトリクスはロンドンの裕福な家庭に生まれました。乳母と家庭教師に育てられ、学校へ行くこともなく、さびしい子ども時代をすごします。
弟のバートラムと、ネズミ、ハリネズミ、ウサギ、コウモリなどの小さな動物や昆虫などをペットにして、絵を描いたり、観察したりして遊ぶのが好きでした。

ビアトリクス・ポターはイギリスの風景やそこに生えている植物、すんでいる動物たちの自然のままの姿を愛していました。自然の営みを間近で観察し、目に映ったものを描きました。

（1866〜1943）

ビアトリクス・ポターはイギリスの絵本作家です。動物を主人公にした絵本をつくり、世界中の子どもたちに読みつがれています。結婚後は農場経営をしながら、自然保護にも力を入れました。

『のねずみチュウチュウおくさんのおはなし』より。

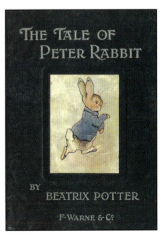

『ピーターラビットのおはなし』は友人の息子のためにつくったものだった。右は1902年に出版された初版本。

サメなどの魚を研究し
海に生きた海洋生物学者
ユージニ・クラーク

（1922〜2015）

ユージニ・クラークは日本人の母親とアメリカ人の父親をもつ日系アメリカ人の海洋生物学者です。ミシガン大学とニューヨーク大学で学び、フグやカワハギの研究で成果をあげました。その後、ケープヘイズ海洋研究所を立ち上げ、所長になります。そこで、それまでほとんど知られていなかったサメの生態を明らかにし、訓練をおこないました。サメは見さかいなく人間を襲うおそろしい怪物ではなく、知性をもつ動物であることを、映像や講演、執筆などをつうじてうったえました。

ユージニは水泳コーチだった母親に習い、2歳になるころにはもう泳げるようになっていました。
子どものころはニューヨーク水族館に通い、一日中、魚をながめてすごします。本をたくさん読んで水族館の魚について勉強しました。

バハカリフォルニアではじめてジンベエザメを見て、一緒に泳ぎました。10年後、オーストラリアの海洋公園でジンベエザメの調査をします。サメと泳ぐユージニの記事が出ると、たくさんの人たちがサメを見るために海洋公園を訪れました。

ジンベエザメは成長すると12ｍにもなり、すべての魚のなかでも最大の大きさを誇る。あたたかい海の表層をゆっくり泳ぎまわり、プランクトンや小魚、海草などを海水と一緒にのみこんでは、くしのような器官でこしとって食べている。大きなえものをねらうことはまずない。おだやかで、危険の少ないサメのなかまである。

ユージニーは海に出て研究することにこだわった研究者であり、優秀なダイバーでした。彼女のダイビングは子どものころ覚えた素潜りに始まり、最先端の技術を積極的に取り入れていきます。潜水艇を使った調査を世界各地で70回以上もおこない、深海の魚たちのなぞに迫りました。駿河湾では1200ｍの深さまで潜り、オンデンザメにぶつかって潜水艇をこわされそうになりました。

サメはにおいだけを頼りにえものを探していると思われていましたが、ユージニの研究により、目も耳もよいことがわかりました。
訓練すれば簡単な動きができ、数週間も覚えていることができます。
サメは、みんなが思っていたよりもずっと頭のよい動物だったのです。

ユージニとなかまたちはメキシコと日本の海底洞窟で、刺激に反応せず、目をあけたまま眠っているように見えるサメを観察し、報告しました。サメは水中で呼吸するために泳ぎ続ける必要があるといわれていたので、これは常識をくつがえす発見でした。

モーゼソール（紅海にすむカレイのなかま）にふれて指がひりひりしたことから、持ち帰って研究し、ウニやヒトデが死んでしまうほどの強い毒を出していることを発見します。
2年後、この成分にはサメを撃退する力があることを明らかにしました。

テレビ番組を通して自然のすばらしさを世界中に届ける

デイビッド・アッテンボロー

（1926年〜）

デイビッド・アッテンボローはイギリスの生物学者で、映像プロデューサーです。ケンブリッジ大学で動物学を学び、イギリス海軍と出版社に勤務したのち、イギリス放送協会（BBC）のプロデューサーになりました。1954年に放送開始した「動物をもとめて」シリーズでは野生動物を自然な環境のもとで、ごく近くから捉えた映像を撮りました。その後も、自然の動植物や人類学を題材にしたドキュメンタリーシリーズを数多く手がけ、国際的にも高く評価されています。

アッテンボローは、3人兄弟の次男として育ちました。父親は大学の学長でした。子どものころは、化石、鉱物やさまざまな自然に関するものを集めてすごしました。イモリを見つけて大学の動物学科へ売っていたこともあります。

いくつかの仕事についたのち、テレビ番組のプロデューサーになりました。爬虫類＊の専門家ジャック・レスターとつくった「動物をもとめて」シリーズが大好評となります。このシリーズは10年続き、ヨーロッパ中で放送されました。

アッテンボローは何年にもわたって、多くの野生動物の自然な行動を記録することに成功してきました。1979年に始まった「地球の生きものたち」シリーズでは、生命の進化にとりくみ、ルワンダでマウンテンゴリラの取材をしました。

その後も山に登ったり、コウモリであふれている洞窟でキャンプをしたりします。1993年に放送された「極寒のなかのいのち」では、氷におおわれたサウスジョージア島で、何時間もしゃがみこんでオウサマペンギンの撮影をしました。

アッテンボローは世界中をまわり、野生の動物や植物が懸命に生きる様子を映像にして視聴者に届けました。それは単にめずらしい生物や変わった生態を美しい映像で見られるということだけではありません。彼の作品は、生命の進化＊や多様性、生物の間でおこる争いや助け合いなど、現代の生物学者が研究しているテーマにしっかりと向き合うものだったのです。

その結果、生物学はおもしろいものとして関心をもたれるようになりました。何百万という人びとがテレビ番組を見て人間以外の生物に興味をもち、自分たちが、ほかの生物たちとこの地球上でどのように共生すべきかを考えるようになったのです。

アッテンボローの番組によってわたしたちは野生の生物を身近に考えられるようになった。

オウサマペンギンは、コウテイペンギンについで大きなペンギンである。南極大陸には見られず、サウスジョージア島やフォークランド諸島などで繁殖する。

「社会性」を軸に
アリから人間までを論じる
エドワード・オズボーン・ウィルソン

（1929年〜）

エドワード・オズボーン・ウィルソンはアメリカの生物学者です。世界各地でアリの分類や生態を研究して、「島の生物地理学」理論を展開しました。社会性昆虫*とよばれるアリの行動を説明するために「社会生物学」という分野をひらきました。その後、「社会性」に注目して研究対象を人間まで広げ、議論を巻き起こしながら、社会学者や哲学者と共同で研究を進めています。最近は環境保護*運動にも力を入れています。

ウィルソンはアラバマ州のバーミングハムで生まれました。
幼いころはワシントンD.C.とアラバマ州モービルの田舎を行き来する生活でした。そこで自然に興味をもつようになりました。

7歳のときに両親が離婚し、父親に育てられることになります。同じ年、釣りの事故で右目の視力を失ってしまいました。
父親が再婚し、新しい母親と3人でいくつかの街を渡り歩きます。

9歳のとき、ボーイスカウトの活動ではじめてロック・クリーク・パークへ遠征しました。13歳のときに、幼年時代をすごしたモービルでヒアリを発見します。ヒアリは数年でアラバマ州全体に広がりました。

昆虫学者になろうと思ったウィルソンはアリの研究を始めます。アラバマ州からヒアリの調査を依頼され、報告書を提出しました。その後、アラバマ大学とハーバード大学で学び、アリの世界的権威になりました。

ハキリアリは、植物の葉を切り落として巣に持ち帰り、葉を養分にして育つアリタケというキノコを栽培し、それを食べて生きています。そのような複雑な生活をしているため、ハキリアリの社会には大小さまざまなアリがいて、細かい役割分担ができています。大型の兵隊アリは巣を守る役割をもち、中型と小型の兵隊アリは働きアリを守ります。いちばん小さい警護アリは、巣に運ばれる葉の上に乗って、働きアリをねらう寄生バエを追いはらう役割をしています。働きアリも大型・中型・小型に分かれ、それぞれちがう役割をもっています。

ハキリアリの標本。上の列の大きなアリは女王アリ、下の列は働きアリと兵隊アリである。

このような動物の社会行動の研究は社会生物学として知られています。この学問によれば、動物は自然の環境の変化に適応し、たがいに生活するうえで最もよい社会的な行動を学ぶことで生き残りを図っていることになります。

ウィルソンは環境保護をうったえる団体ハーフ・アース・プロジェクトの創設者です。以下に彼のメッセージを紹介しましょう。「人類はすべての生物と関係している。わたしたちは自然が人類に依存しているように、すべての自然に依存している。しかし、自然は急速に失われつつある。実際、現代では生物の絶滅*の速度は地球史のどの時代と比較しても、少なくとも1000倍速いといわれている。ハーフ・アース・プロジェクトは地球という惑星の半分の地域を自然に委ねることをよびかけている。もし、陸と海の半分を保存できれば、全種の85%は絶滅から守ることができ、地球上の生命は安全に生活できるであろう」

チンパンジーの研究を通して
人間の本質を問いかける

ジェーン・グドール

（1934年〜）

ジェーン・グドールはイギリスの霊長類*学者です。野生の生息地でチンパンジーの行動を研究し、重要な発見を続けています。彼女の研究方法は、チンパンジーに名前をつけ、それぞれの行動を長い期間にわたって観察する、というものでした。この手法には賛否がありましたが、その後、大型動物の研究では標準的なものとなっています。また、ジェーンが1991年に始めた環境教育活動（ルーツアンドシューツ）は、99か国、約15万団体が参加する世界的な運動になりました。

幼いジェーンは父親から本物そっくりのチンパンジーのぬいぐるみをもらいました。
ぬいぐるみで遊ぶうちに動物が大好きになり、「おとなになったらアフリカへ行って動物にかかわる仕事がしたい」と話すようになります。

大学へ進むお金がなかったジェーンは就職しますが、アフリカへ行く夢が忘れられません。
会社をやめ、ケニアにすむ友人の農場を訪ねました。そして有名な人類学者ルイス・リーキーとナイロビで会う約束をとりつけます。

彼女の才能に気づいたリーキーは秘書にしたのち、チンパンジー研究のためにタンザニアに行かせました。
リーキーは人類学者として、人間への理解を深めるには、人間に近い動物も研究する必要があると実感していたのです。

ジェーンはタンザニアのゴンベ渓流国立公園に入り、半年の予定で野外調査を始めました。チンパンジーを探し、自分になれてもらうために、毎日少しずつ距離を縮めていきました。そして、たった半年の間に、世界を驚かせる3つの発見をしました。

はじめての野外調査が終わりに近づいたころ、ジェーンは「灰色ひげのデビッド」と名づけたチンパンジーが小動物を食べているところを目にします。それまで、チンパンジーは草食だと思われていたのです。

ある日、デビッドはアリ塚のそばにしゃがみこんでいました。見ていると、細長い葉をアリ塚に差し込んで、その葉についてきたシロアリを食べていたのです。それまで「道具を使える生物は人間だけ」といわれていたので、ジェーンは驚きました。

また別の日、デビッドは木の枝を折って葉をむしりとってからアリ塚に差し込みました。チンパンジーは道具を使うだけでなく、道具をつくることもできたのです。

この3つの発見は、それまでの通説をくつがえすものでした。

チンパンジーたちは群れのなかで親密なコミュニケーションをとる。ジェーンはすぐにチンパンジーが使うことばを理解できるようになった。

長年の研究の間にジェーンはチンパンジーと親しい関係をつくりあげている。チンパンジー社会にこれほどうけいれられた人間は、今日にいたるまで、彼女だけである。

野生のチンパンジーは50年ほど生き、おとなになったメスはほぼ5年おきに子どもを産む。チンパンジーの母と子は一生をつうじて強い絆でむすばれている。

アフリカゾウを研究し
保護の必要性をうったえる
シンシア・モス

（1940年〜）

シンシア・モスはアメリカの生物学者です。アフリカゾウ研究のため、ケニアでアンボセリ・ゾウ研究プロジェクトをたちあげました。1972年のことです。その後40年以上にわたってアフリカゾウを研究しています。1979年、アフリカにはおよそ130万頭のゾウがいるといわれていましたが、10年後には約60万頭になっていました。象牙目的の密猟や干ばつ、人間の戦争などがアフリカゾウの生活をおびやかしています。シンシアは日夜ゾウの保護活動に走りまわっています。

シンシアは7歳で乗馬を始め、乗馬コースのある中学・高校に進みます。大学卒業後、アメリカの大手新聞社の記者になりました。

アフリカを訪れたときにゾウに興味をもち、研究の道に進みました。その後はずっとケニアに滞在してゾウの研究と保護活動を続けています。

シンシアはおよそ45年にわたってアフリカゾウの群れを研究しています。ジェーン・グドール(p.38)と同じように、観察するゾウにはすべて名前をつけています。彼女はなかまとともに、およそ3000頭のアフリカゾウの生死を確認し、行動を記録しました。

アフリカゾウはメスを中心にした群れをつくる。いくつもの家族がまとまって1000頭近くの大きな群れになることもあるが、ふつうは途中で分かれていく。

アフリカゾウは、母親と子どもで3～10頭の家族をつくる。子どもは3歳ごろまで母乳をのみ、8歳ぐらいまで母親についてまわる。

湿地帯の草を食べるゾウ。2017年、アンボセリにすむアフリカゾウの数が少しだけ回復したことが報告された。

ミミズを利用した
新しい農業の形を考える

スルタン・アハメド・イスマイル

（1951年～）

スルタン・アハメド・イスマイルはインドの土壌生態学者で、ミミズの研究で有名です。彼は、ミミズを利用して生ごみを肥料としてリサイクルしたり、土の汚染を取り除いたりする技術を開発しました。最近では、国や教育機関と提携して、学校で環境教育をおこなっています。

イスマイルは、子どもたちが自分でミミズを飼ってみることによって土のなかにすむ虫たちの大切さを学んでほしいと思いました。
現在、インド政府やマレーシアの教育機関と協力して、多くの学校で環境教育をおこなっています。

ミミズは土のなかに空気を通し、耕すのと同じ働きをします。また、微生物＊や生ごみを食べて糞をすることで土壌をゆたかにし、植物が育ちやすい環境をつくります。
子どもたちは実験をしながらこうしたことを学んでいくのです。

　ミミズは、見た目はあまりおもしろい生物ではありませんが、わたしたちの自然環境が機能するためにたいへん重要な役割を果たしています。イスマイルは、ミミズを利用して生ごみを肥料に変え、農業に役立てる研究をしています。
　彼は自然の働きのすばらしさとともに、人工肥料や化学物質を使わないことが重要であるとうったえます。また、それぞれの土地にすむミミズを利用することを勧めています。

地球の外に生命の可能性をさぐる

メアリー・ボイテック

　宇宙生物学は、1990年代にアメリカで生まれた新しい学問です。「宇宙」という枠組みのなかで生物を考え、生命の起源や進化*、分布*、未来を研究しています。

　メアリーは、地球上で何十億年も生き残ってきたと思われる生物、すなわち小さな生命体のなかでもいちばん小さい生物を研究しています。南極や北極に行き、深海の熱水噴出孔*や火山を調べ、極端な環境にすむ微生物*を研究します。そういう場所にいる生物は宇宙でも生きられる可能性があるからです。

　彼女は現在、NASAでASTEP（惑星探査のための宇宙生物学の科学と技術部門）と共同研究をしています。ASTEPでは、太陽系で生命が存在する、あるいは存在した可能性について研究しています。

（1951年〜）

メアリー・ボイテックは宇宙生物学者です。NASA（アメリカ航空宇宙局）宇宙生物学研究所の上級科学者として地球以外の惑星にすむ生物の研究をしています。2017年に土星の衛星エンケラドスに生命が存在する可能性が高くなったと発表しました。

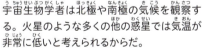

ストロマトライトはシアノバクテリアがつくる岩で、1年に0.4mmほど成長する。シアノバクテリアは地球上に何十億年も前から存在していた最古の生命体のひとつである。

宇宙生物学者は北極や南極の気候を観察する。火星のような多くの他の惑星では気温が非常に低いと考えられるからだ。

用語解説

◆ **遺伝**
遺伝とは、親の形質が子や孫へ伝えられること。すべての生物がもつそれぞれの遺伝子をつうじて伝えられる。

◆ **因子**
生命現象のなかで、ある作用をなりたたせる原因となる要素。

◆ **環境保護**
生物をとりまく環境が、おもに人間の活動によって悪化していく問題を解決することを目的として、環境を守ること。

◆ **擬態**
生物が、自分以外の生物の色や形、模様をまねることでほかの生物をだます現象。ベイツ（p.27）が発見したのは、毒のない動物が、毒のある動物をまねて、自分を食べる動物の攻撃から身を守ろうとするもので、発見者の名をとってベイツ型擬態とよばれる。ほかにも、毒のある動物同士がおたがいにまねをしあうミューラー型擬態や、花にまぎれてえものを待つハナカマキリのような攻撃型擬態（ベッカム型擬態）、まわりの背景にとけこんで身を守るカモフラージュなど、さまざまなタイプの擬態がある。

◆ **原生動物**
細胞が1つしかなく、その細胞のなかに核（細胞の遺伝情報を保存し、伝達する器官）をもつ生物のなかで、動物のような性質をもつグループの総称。明確な定義はない。アメーバやミドリムシなど、おもに水のなかや土のなかにいて、現在ではおよそ6万5000種が知られる。

◆ **顕微鏡**
小さなものを拡大して見る装置。16世紀末、オランダの眼鏡職人ヤンセン親子によって発明された。

◆ **自家受精**
同じ株にできたおしべとめしべの間で受精がおこること。動物でも、ミミズなど雌雄同体（1つの個体がオスとメスの形質をそなえていること）の動物で見られる。

◆ **自然選択説**
自然淘汰ともいう。生物におこった変異のなかで、生存競争において有利なものは生き残り、そうでないものは子孫を残せない。そういう形で、変異が自然により選択されていくという説。作物や家畜の品種改良（人為選択）のような現象が自然のなかでもおきるのではないかということから考察された。ダーウィン（p.22）とウォレス（p.26）が同じ時期にそれぞれ考えつき、共同で発表した。

◆ **社会性昆虫**
同じ種の親と子で集団をつくってくらす昆虫のこと。子どもをつくる成虫と、子どもをつくれず働くことに専念する成虫がいて、それぞれが協力することによって全体の生活を維持している。アリ、シロアリ、ミツバチなどが有名。

◆ **進化**
生物が、長い年月の間に少しずつ変化していくこと。生物の形態や行動が、環境に適応してゆっくりと変化し、やがて新しい種ができてくる。それによって、単純な生物から複雑な生物が生まれてきた。進化論はダーウィン（p.22）によって確立されたが、ビュフォン（p.16）はそのおよそ100年前に、もとになる概念について書いている。

◆ **生物多様性**
ある地域または地球全体にさまざまな生物が存在することを指す言葉。そこにすむ種の数を尺度にすることが多いが、生態系、種、遺伝子のそれぞれのレベルで使われる。

◆ **赤血球**
血液の成分のひとつで、全身に酸素を運ぶ役割をする。

◆ **絶滅**
生物の種が死に絶えて滅びること。

◆ **単細胞生物**
体が1個の細胞でできている生物。バクテリアや藻類など。動物では原生動物がこれにあたる。

◆ 熱水噴出孔
地球の奥深いところで温められた400℃近い熱水が吹き出てくる割れ目。おもに深い海の底で見られる。熱水噴出口のまわりでは多くの生物が見られ、これまで知られていなかった種もたくさん発見されている。

◆ バクテリア
細菌ともいう。細胞を1つだけもつ微生物で、核膜のない原核細胞をもつグループを指す。原則として2つに分裂してふえる。

◆ 博物学
ナチュラルヒストリー、自然史ともいう。動物、植物、鉱物など自然のなかに存在するものの種類や性質を調べて、記録し、整理したり、分類したりする学問。アリストテレス（p.4）が基礎をつくり、今日の生物学のもとになった。

◆ 爬虫類
体が固いウロコでおおわれ、肺呼吸をする動物のグループ。カメ、ムカシトカゲ、トカゲ、ヘビ、ワニなどおよそ6000種以上が知られる。

◆ 微生物
肉眼では見えないほど小さな生物のことで、バクテリア、菌類、ウイルス、原生動物などがふくまれる。レーウェンフック（p.12）により発見された。

◆ 分布
動物や植物が、ある場所やある時間に存在すること。

◆ 分類、分類学
生物を一定の規則にしたがって整理する学問。分類には、生物を類縁関係によって整理する自然分類と、特徴や人間との関係をもとに整理する人為分類がある。

◆ 変態
動物が、生まれてからおとなになるまでに体の構造が大きく変化する現象。昆虫などで知られている。昆虫の変態には、完全変態と不完全変態がある。完全変態は、チョウやハエなどのように昆虫のなかでは進化したものに見られ、幼虫からさなぎ、成虫へと変化する。不完全変態は、トンボやバッタ、ゴキブリなどのように原始的な昆虫に見られ、幼虫から若虫の時期をへて成虫へと変化する。

◆ 胞子
シダ植物、コケ植物、藻類、菌類などが無性生殖をおこなうためにつくる細胞。単独で発芽して新しい個体になる。

◆ 哺乳類
メスが出す乳で子どもを育てる生物のグループ。ほとんどが卵ではなく子どもを産み、4本の手足をもち、体の表面が毛におおわれており、比較的知能が高い。

◆ 類人猿
人間に近い大型と中型の霊長類で、オランウータン、ゴリラ、チンパンジー、ボノボ、テナガザルなどがいる。人間と同じように、尾がないのが特徴で、知能が高く、社会をつくって生活している。

◆ 霊長類
哺乳類のなかで、霊長目（サル目ともいう）に属する生物のグループ。原猿類（木の上で生活する小型で原始的なサル。ツパイやメガネザル、ロリスなど）、新世界ザル（南米に生息するクモザル、マーモセットなど）、旧世界ザル（ユーラシアとアフリカにすむオナガザルやコロブスなど）、類人猿、人間などをふくみ、現在生きているものは200種以上が知られている。人間以外の霊長類は、中南米、アフリカ、南アジアから東アジアにかけての熱帯、亜熱帯地域にすむ。

さくいん

A-Z
ASTEP	43
BBC	34
NASA	43

あ行
アフリカゾウ	40-41
アマゾン	26-27
アメリカ	28, 32, 36, 40
アメリカ航空宇宙局（NASA）	43
アメリカトキコウ	21
『アメリカの鳥類』	20-21
アメリカヘビウ	21
アリ	36
アリストテレス	4-5, 10
アリストテレスのちょうちん	4
アリタケ	37
アリ塚	39
アルフレッド・ラッセル・ウォレス	22, 26-27
アルフレート・ウェーゲナー	19
アレクサンダー・フンボルト	18-19
アンデス山脈	19
アントニー・レーウェンフック	12-13
アンドレア・デル・ベロッキオ	6
アンボセリ	41
アンボセリ・ゾウ研究プロジェクト	40
イギリス	13, 22, 26-27, 34, 38
イギリス放送協会（BBC）	34
イタリア	6
遺伝	24-25, 44
遺伝子	23, 25
イルカ	4
因子	25, 44
エドワード・オズボーン・ウィルソン	36-37
ウォレス線	26
ウォレストビガエル	26
宇宙生物学者	43
ウニ	4
ウマ	6
映像プロデューサー	34
絵本	31
エメ・ボンプラン	18-19
エラズマス・ダーウィン	22
エンケラドス	43
エンドウ	24-25
オウサマペンギン	34-35
王立植物園	16
オーストリア	24
オットー・ブルンフェルス	8-9
オランダ	12
オンデンザメ	33

か行
科	15
階層	14
海底洞窟	33
海洋生物学者	32
画家	11, 20
科学者	4, 6
鏡文字	7
学名	15
ガラパゴスゾウガメ	23
カリフォルニア	28
カール・リンネ	14-15
カレイ	33
カロライナインコ	21
環境教育	38, 42
環境保護	20, 28, 30, 36, 44
干ばつ	40
キイチゴ	7
擬態	27, 44
キノコ	37
共生	35
ギリシャ	4-5
記録画	11
クジラ	4
クリスマス・バード・カウント	21
グレゴール・メンデル	24-25
訓練	32-33
ケープヘイズ海洋研究所	32
ケニア	40
ケホコリ	30
原生動物	12, 44
顕微鏡	12-13, 44
『顕微鏡図譜（ミクログラフィア）』	13
綱	14-15
紅海	33
交配	24-25
国立公園	28
『コスモス』	18
コバネシロチョウ	27
コミュニケーション	39
コルクの断面	13
昆虫	11, 27
昆虫学者	11
ゴンベ渓流国立公園	38
コンラート・ゲスナー	10

さ行
細胞	13
サメ	32
サンゴ礁	23
サンゴパイプヘビ	11
シアノバクテリア	43
ジェーン・グドール	38-39, 41
自家受精	25, 44
自然選択説	23, 26-27, 44
『自然の体系』	14-15
実験	24-25, 32
社会性昆虫	36, 44
社会生物学	36-37
ジャック・レスター	34
種	14-15
『種の起源』	22-23
植物園	16
植物学	5, 14
植物学者	8-9
『植物誌』（テオフラストス）	5
『植物誌』（ゲスナー）	10
植物図鑑	9
植物地理学	18
書誌学者	10
ジョシュア・ホイットニー	28
ジョルジュ＝ルイ・ルクレール・ビュフォン	16
ジョン・ジェイムズ・オーデュボン	20-21
ジョン・ヘンズロー	22
ジョン・ミューア	28-29
シロアリ	39
進化	23, 35, 44
シンシア・モス	40-41
『新植物誌』	9
ジンベエザメ	32-33
人類学者	38
スイス	10
スウェーデン	14
数学	24
図鑑	
植物図鑑	9
博物図鑑	21
ススホコリ	30

ストロマトライト	43
『スリナム産昆虫変態図譜』	11
駿河湾	33
スルタン・アハメド・イスマイル	42
生物学者	12, 22, 24, 34, 36, 40
生物地理学	26
『世界文献総覧』	10
脊索動物	15
赤血球	12, 44
絶滅	21, 44
潜水艇	33
戦争	40
全米オーデュボン協会	20-21
象牙	40
属	14-15

た行

大腸菌	12
大陸移動説	19
ダグラスリス	21
多様性	35, 44
探検	26-27
探検家	18
単細胞生物	12, 45
タンザニア	38
地質学者	22
チャチャニ火山	19
チャールズ・ダーウィン	19, 22-23, 26-27
チョウ	11
鳥類学者	20
地理学者	18
チンパンジー	38-39
チンボラソ火山	19
ティエラ・デル・フエゴ	23
デイビッド・アッテンボロー	34-35
テオフラストス	5
デビッド・カンデル	8
ドイツ	8-9, 11, 18
道具	39
動物学	4
『動物誌』（アリストテレス）	4, 10
『動物誌』（ゲスナー）	10
「動物をもとめて」	34
ドキュメンタリー	34
毒	27, 33
土壌生態学者	42
土星	43

トマス・ジェファソン	17
トンボマダラ	27

な行

ナチュラリスト	28
日本	30
ニホンウナギ	15
二名法	14-15
粘菌	30
熱水噴出孔	43, 45
農業	42
『のねずみチュウチュウおくさんのおはなし』	31

は行

ハーフ・アース・プロジェクト	37
ハキリアリ	37
バクテリア	12, 43, 45
博物学	4, 45
博物学者	5, 10, 14, 16, 18, 22, 26-27, 30
『博物誌』	16
博物図鑑	21
爬虫類	34, 45
発明家	6
パピルス	4
ビアトリクス・ポター	31
ヒアリ	36
ヒエロニムス・ボック	8-9
『ピーターラビットのおはなし』	31
『ビーグル号航海記』	22
微生物	12, 30, 43, 45
氷河	28
品種改良	24-25
ブダイ	23
プラトン	4-5
フランス	16
分布	26, 43, 45
分類	4-5, 14, 45
分類学	14, 45
ベニイロフラミンゴ	21
ヘラジカ	17
変態	11, 45
ヘンリー・ウォルター・ベイツ	26-27
胞子	30, 45
哺乳類	15, 45
『本草書』	8

ま行

マウンテンゴリラ	34
マリア・シビラ・メーリアン	11
マレー諸島	26
ミスティ火山	19
密猟	40
南方熊楠	30
ミナカタホコリ	30
ミミズ	42
ミヤマシトド	21
群れ	39, 41
メアリー・ボイテック	43
メガネカイマン	11
メジロ	15
モーゼソール	33
目	14-15
門	15

や行

薬草園	9
ユージニ・クラーク	32-33
ヨセミテ国立公園	28

ら行

ライオン	15
リサイクル	42
リンネソウ	15
類人猿	17, 45
ルイス・リーキー	38
ルーツアンドシューツ	38
霊長類	38, 45
レオナルド・ダ・ヴィンチ	6-7
レオンハルト・フックス	8-9
レンズ	12
ロバート・ジョンソン	28
ロバート・フック	12-13
ロバート・ボイル	13
ロンドン王立協会	12-13

わ行

和歌山	30
惑星探査のための宇宙生物学の科学と技術部門（ASTEP）	43

写真提供

（とくに断りのない限り、写真は Wikimedia Commons から提供されています）

p.2（下面）Leonardo Da Vinci；p.4（下）FredD；（中央）Anna Sedneva, Shutterstock；p.5（下）Federico Leva（BEIC）；p.6（左上）Everett Historical, Shutterstock；（下）Royal Collection Trust HM Queen Elizabeth 11；p.7（下面）LeonardoDaVinci.net；（右下）Web Gallery of Art；p.8（下）www.antiquariat-kunsthandel.de；p.9（右上）Landesmuseum Württemberg；p.10（左上）Wellcome Library；p.11（左上）Jacobus Houbraken；（中央）Valérie75；（下）Reproduction by the Royal Collection, Windsor Castle；p.12（左下）Rijksmuseum；（中央）Jeroen Rouwkema；（下）Eric Erbe, digital colorization by Christopher Pooley, both of USDA, ARS, EMU；p.13（右上）Rita Greer（下）Prosthetic Head；p.14（左上）Nationalmuseum Stockholm；p.15（下）The University of Amsterdam；p.16（左上）Musée Buffon à Montbard；p.17（上）Denismenchov08；（下）Shutterstock, Jukka Jantunen；p.18（左上）Schloss Charlottenhof, Potsdam；（下面）Taragui；p.19（上）Dabit100 / David Torres Costales；（下）Edubucher；p.20（左上）The White House Historical Association；p.21（上）Web Gallery of Art；（中央）Museum of Fine Arts Houston；（左下）BLM Nevada right Brooklyn Museum；p.22（左上）Richard Leakey and Roger Lewin；p.23（上）Conrad Martens；p.26（左上）The Natural History Museum, London；（下）Jorge.kike.medina；（中央）Norhayati；p.27（上）J. Thomson；（左下）Henry Walter Bates；p.28（上）University of the Pacific digital collections；（右下）CharacterZero；p.29 Patrick Peonal Shutterstock；p.30（左上）Reggaeman；（上）Eigenes Werk；（右下）Siga；p.31（右上）Charles G.Y. King；（下）gutenberg.org；（右下）Aleph-bet Books；p.32（左上）Eugenie Clark；（下面）Rich Cary；p.34（左上）Herpetology2；p.35 Shutterstock（corlaffra；olga_gl；Baronov E；Koch；Oleg Kozlov；Bergwitz；Erwin Sparreboom；Amelie Koch；Ondrej Prosicky；p.36 Jim Harrison PLoS；p.37（上）Sarefo；p.38（左上）U.S. Department of State；p.39（上）Patrick Rolands；（中央）the Jane Goodall trust；（下）Ikiwaner；p.39；p.40（左上）Getty Images；（下面）Andrzej kubik；p.41（左下）Stuart G Porter；（右下）FOTOGRIN；p.42（左上）Sultan Ahmed Ismail；（左下）Pan Xunbin；（下中央）schankz；（右下）kzww；p.43（右上）Alamy；（中央）；Happy Little Nomad；（下）NASA

著者略歴

フェリシア・ロー
作家、ライター。
動物、科学、社会など幅広いテーマで学習絵本や児童書を多く手がけ、
これまでに170冊以上の本を出している。

本郷尚子（ほんごう なおこ）
ライター、翻訳者。
出版社、編集プロダクション勤務を経て、フリーランスに。
主に生物系の本を手がけている。

THE GREATEST EVER NATURAL HISTORIANS
text by Felicia Law
illustrations by Ann Scot
©2018 BrambleKids Ltd All rights reserved.
Japanese translation rights arrangement with BrambleKids Ltd
through Japan UNI Agency, Inc., Tokyo.
Japanese language edition published by HOLP SHUPPAN, Publications, Ltd., Tokyo.
Printed in Japan.

世界をうごかした科学者たち
生物学者
文 フェリシア・ロー
訳 本郷尚子
2018年11月25日 第1刷発行

発行者	中村宏平
発行所	株式会社ほるぷ出版 〒101-0051 東京都千代田区神田神保町3-2-6 電話03-6261-6691／FAX03-6261-6692
印刷	共同印刷株式会社
製本	株式会社ハッコー製本
編集協力	行正徹
装幀・デザイン	椎名麻美
イラスト	アン・スコット

NDC460／48P／270×210mm／ISBN978-4-593-58781-0
乱丁・落丁がありましたら、小社営業部宛にお送りください。
送料小社負担にてお取り替えいたします。